Il Manuale per L'Utilizzo Etico E Responsabile Di Open AI

Breve Panoramica

Questo manuale ha lo scopo di fornire una guida completa per l'uso etico e responsabile di Open AI. Il manuale inizia con un'introduzione a Open AI, spiegando cos'è e come funziona. Le sezioni successive approfondiscono le considerazioni etiche legate all'uso di Open AI, come la privacy, il pregiudizio e l'autonomia, e forniscono soluzioni a tali questioni. Il manuale copre anche le migliori pratiche per l'uso responsabile di Open AI, come la gestione dei dati, i test e la convalida, e il monitoraggio. Il manuale esplorerà quindi l'impatto potenziale di Open AI sull'intera società, inclusi gli effetti economici, sociali e politici, e modi per garantire che i benefici di Open AI siano distribuiti equamente.

Infine, il manuale si conclude riassumendo i concetti chiave e incoraggiando individui, organizzazioni e governi a prendere la responsabilità dell'uso etico e responsabile di Open AI.

L'Importanza Dell'Uso Etico E Responsabile Di Open AI

L'uso etico e responsabile di Open AI è di importanza fondamentale per diverse ragioni.

In primo luogo, Open AI ha il potenziale per beneficiare notevolmente la società in aree come la sanità, l'istruzione, i trasporti e molte altre. Tuttavia, se non utilizzato in modo responsabile, potrebbe anche portare a conseguenze negative, come la perdita di lavoro, le violazioni della privacy e l'aggravamento delle disuguaglianze sociali. Utilizzando Open AI in modo etico e responsabile, possiamo massimizzare i suoi potenziali benefici e minimizzare le possibili conseguenze negative.

In secondo luogo, Open AI solleva questioni etiche complesse che devono essere affrontate. Ad esempio, i sistemi di Open AI possono perpetuare e amplificare i pregiudizi presenti nei dati di addestramento. Ciò potrebbe portare a risultati discriminatori e alla marginalizzazione di alcuni gruppi. I sistemi di Open AI possono anche essere utilizzati per prendere decisioni importanti, ad esempio in campo sanitario o della giustizia penale, che potrebbero avere conseguenze di vita o di morte. È importante garantire che questi sistemi siano trasparenti, responsabili ed equi nei loro processi decisionali.

In terzo luogo, Open AI ha il potenziale per influire notevolmente sulla società nel suo complesso ed è importante garantire che i suoi benefici siano distribuiti equamente. Questo include la considerazione dell'impatto potenziale di Open AI su diversi gruppi, come i lavoratori e le comunità emarginate, e l'adozione di misure per mitigare eventuali effetti negativi.

In quarto luogo, Open AI è uno strumento creato dagli esseri umani per servire scopi umani ed è importante che il suo uso sia in linea con i valori umani e con il bene della società nel suo complesso. Con il progresso dei sistemi di Open AI, diventa importante garantire che siano allineati con i valori umani e che agiscano nell'interesse della società. Ciò richiede un monitoraggio, una valutazione e una governance continuativi dei sistemi di Open AI per garantire che vengano utilizzati in modo etico e responsabile.

In sintesi, l'uso etico e responsabile di Open AI è cruciale per massimizzare i suoi potenziali benefici e minimizzare le possibili conseguenze negative. Richiede un monitoraggio e una governance continuativi, l'affrontare questioni etiche come il pregiudizio e la trasparenza e garantire che i benefici di Open AI siano distribuiti equamente. Adottando un approccio proattivo e responsabile a Open AI, possiamo garantire che sia utilizzato in modi che beneficiano l'intera società.

Comprensione Di Open AI

Cos'è Open AI E Come Funziona?

Open AI è un termine usato per descrivere i sistemi di intelligenza artificiale (AI) liberamente disponibili per chiunque, a differenza dei sistemi di AI chiusi o proprietari. Comprende una vasta gamma di tecnologie di AI, tra cui il machine learning, l'elaborazione del linguaggio naturale, la visione artificiale e altro ancora.

La forma più comune di Open AI è il machine learning, che è un tipo di AI che consente ai sistemi di migliorare le loro prestazioni imparando dai dati, senza essere esplicitamente programmati. Gli algoritmi di machine learning vengono addestrati su un insieme di dati, che è una raccolta di esempi che l'algoritmo utilizza per apprendere modelli e relazioni. Una volta che l'algoritmo è stato addestrato, può essere utilizzato per fare previsioni o decisioni su nuovi dati.

Ci sono due tipi principali di machine learning: supervisionato e non supervisionato. Nel learning supervisionato, l'algoritmo riceve un dataset etichettato, in cui ogni esempio ha un valore di etichetta o output corrispondente. L'algoritmo impara a fare previsioni o decisioni in base alla relazione tra l'input e l'output. Nel learning non supervisionato, l'algoritmo riceve un dataset non etichettato e deve trovare modelli e relazioni all'interno dei dati da solo.

Open AI può anche essere implementato utilizzando il deep learning, che è una sottoarea del machine learning che utilizza reti neurali profonde. Le reti neurali profonde sono composte da più strati di nodi interconnessi, o neuroni artificiali, che elaborano e trasformano i dati in ingresso. Ogni strato nella rete estrae una rappresentazione di livello superiore dell'input, consentendo alla rete di apprendere modelli e relazioni sempre più complessi.

Open AI è ampiamente utilizzato in una varietà di settori, come la sanità, le finanze, i trasporti e molti altri. Tuttavia, va notato che nonostante il termine "open" che si riferisce all'accessibilità della tecnologia, i dati utilizzati per addestrare il modello, il modello stesso e l'infrastruttura per eseguirlo sono spesso di proprietà e controllati da grandi aziende o istituzioni. Pertanto, il termine "open" viene anche utilizzato per riferirsi all'idea di democratizzare l'AI e renderla disponibile a un numero maggiore di persone e organizzazioni.

I Potenziali Benefici E Le Sfide

Open AI ha il potenziale per portare molti benefici alla società, come:

Miglioramento dell'efficienza e della produttività: i sistemi di Open AI possono automatizzare i compiti ripetitivi, analizzare grandi quantità di dati e prendere decisioni o fare previsioni più rapidamente e con maggiore precisione rispetto agli esseri umani. Ciò può portare a risparmi sui costi, aumento della produttività e miglioramento della qualità del servizio.

Miglioramento della presa di decisioni: i sistemi di Open AI possono aiutare le persone a prendere decisioni migliori fornendo informazioni e raccomandazioni basate su grandi quantità di dati. Ciò può essere particolarmente utile in campi come la sanità, la finanza e i trasporti.

Miglioramento della sanità: Open AI può essere utilizzato per analizzare immagini mediche, prevedere l'evoluzione delle malattie e assistere nella scoperta di farmaci. Ciò può portare a una diagnosi più precoce, un miglior trattamento e migliori risultati per i pazienti.

Miglioramento dell'istruzione: Open AI può essere utilizzato per personalizzare l'apprendimento e fornire feedback personalizzati agli studenti. Ciò può portare a un apprendimento più efficace ed efficiente.

Miglioramento dei trasporti: Open AI può essere utilizzato per ottimizzare il flusso del traffico, prevedere le esigenze di manutenzione e ridurre gli incidenti. Ciò può portare a una riduzione della congestione, un aumento della sicurezza e un miglioramento delle prestazioni ambientali.

Tuttavia, ci sono anche sfide e possibili conseguenze negative dell'Open AI, come:

Disoccupazione: i sistemi di Open AI possono automatizzare compiti che in precedenza venivano eseguiti da persone, portando alla perdita di posti di lavoro e alla necessità di riqualificazione.

Preoccupazioni per la privacy: i sistemi di Open AI possono raccogliere, memorizzare ed elaborare grandi quantità di dati personali, che potrebbero essere utilizzati per la sorveglianza o altri scopi illeciti.

Bias: i sistemi di Open AI possono perpetuare e persino amplificare i pregiudizi presenti nei dati di addestramento. Ciò può portare a risultati discriminatori e alla marginalizzazione di certi gruppi.

Mancanza di trasparenza e responsabilità: i sistemi di Open AI possono essere complessi e difficili da capire, rendendo difficile garantire che stiano prendendo decisioni giuste ed imparziali.

In conclusione, l'Open AI ha il potenziale per apportare molti benefici alla società, tuttavia, ci sono anche sfide significative e possibili conseguenze negative che devono essere affrontate. È importante garantire che i sistemi di Open AI siano sviluppati, implementati e utilizzati in modo etico e responsabile, prendendo in considerazione l'impatto potenziale su diversi gruppi e sulla società nel suo complesso. Ciò richiede un monitoraggio, una valutazione e una governance continui dei sistemi di Open AI per garantire che vengano utilizzati in modo che benefici la società e siano allineati con i valori umani.

Considerazioni
Etiche

Le Principali Questioni Etiche

Ci sono diverse questioni etiche chiave legate all'Open AI, ecco le principali questioni attuali:

Privacy: I sistemi di open AI raccolgono, archiviano e analizzano grandi quantità di dati personali. Ciò può sollevare preoccupazioni su come questi dati vengano utilizzati, condivisi e protetti. C'è il rischio che i dati personali possano essere utilizzati per la sorveglianza o per altri scopi nefasti, o che possano essere hackerati o rubati. Garantire la privacy e la sicurezza dei dati personali è essenziale per proteggere i diritti e il benessere degli individui.

Bias: I sistemi di open AI possono perpetuare e persino amplificare i bias presenti nei loro dati di training. Ciò può portare a risultati discriminatori e alla marginalizzazione di alcuni gruppi, in particolare quelli già emarginati. Ad esempio, un sistema di riconoscimento facciale addestrato su un set di dati composto principalmente da persone bianche avrebbe una scarsa performance nell'identificare persone di altre etnie. Il bias può anche essere presente nei sistemi decisionali, portando a risultati ingiusti o iniqui per alcuni gruppi. Affrontare il bias nei sistemi di open AI è essenziale per garantire che siano equi ed equi.

Autonomia: I sistemi Open AI stanno diventando sempre più autonomi, il che significa che possono prendere decisioni senza supervisione o intervento umano.

Ciò può sollevare preoccupazioni sulla responsabilità e la trasparenza di questi sistemi, così come sul potenziale per conseguenze non intenzionali. Ad esempio, le auto a guida autonoma possono prendere decisioni che potrebbero portare ad incidenti, oppure un modello di linguaggio può generare testo che può essere dannoso o offensivo. Assicurare che i sistemi Open AI siano trasparenti e responsabili, e che siano allineati ai valori umani, è essenziale per garantire la fiducia.

Equità: I sistemi Open AI possono essere utilizzati per prendere decisioni che influenzano la vita delle persone, ad esempio determinare la solvibilità creditizia, identificare potenziali criminali o diagnosticare i pazienti. Assicurarsi che questi sistemi siano equi e che non discriminino alcune categorie di persone è essenziale per garantire la fiducia e l'accettazione nella società.

Spiegabilità: I sistemi Open AI possono essere complessi e difficili da comprendere, rendendo difficile garantire che prendano decisioni eque e imparziali. Ciò può rendere difficile garantire che siano allineati ai valori umani e che agiscano nell'interesse della società. Garantire che i sistemi Open AI siano applicabili è essenziale per garantire che siano trasparenti, responsabili e affidabili. La spiegabilità può contribuire ad assicurare che le decisioni prese dai sistemi Open AI siano eque, imparziali e allineate ai valori umani. Può anche contribuire ad assicurare che i sistemi vengano utilizzati in modo benefico per la società. Metodi come fornire modelli interpretabili, analisi dell'importanza delle caratteristiche e fornire spiegazioni per le decisioni possono contribuire ad aumentare la trasparenza e la spiegabilità dei sistemi Open AI.

Inoltre, ci sono altre questioni etiche che possono sorgere con Open AI, come la trasparenza e la responsabilità, la sicurezza e la responsabilità a lungo termine. È importante considerare queste questioni etiche e garantire che vengano affrontate nello sviluppo, nell'implementazione e nell'uso dei sistemi Open AI.

Assicurarsi che i sistemi Open AI siano sviluppati, implementati e utilizzati in modo etico e responsabile è essenziale per minimizzare le eventuali conseguenze negative e garantire che siano utilizzati in modo che benefici l'intera società. Ciò richiede un monitoraggio, una valutazione e una governance continuativi dei sistemi Open AI per garantire che vengano utilizzati in modo che sia in linea con i valori umani e che le questioni etiche vengano affrontate.

Potenziali Soluzioni

Ci sono diverse potenziali soluzioni per le problematiche etiche legate all'open AI, come:

Trasparenza: garantire che i sistemi di intelligenza artificiale aperti siano trasparenti e comprensibili può contribuire ad aumentare la fiducia e l'accettazione di tali sistemi. Ciò può essere ottenuto fornendo modelli interpretabili, analisi dell'importanza delle caratteristiche e spiegazioni delle decisioni. Inoltre, fornire informazioni sulle informazioni utilizzate per addestrare il modello e sul processo decisionale può aumentare la trasparenza.

Responsabilità: garantire che i sistemi di intelligenza artificiale aperti siano responsabili delle loro azioni può contribuire a garantire che siano utilizzati in modo coerente con i valori umani e che siano affrontate le questioni etiche. Ciò può essere ottenuto fornendo linee guida chiare e vincolanti per lo sviluppo e l'uso dei sistemi di intelligenza artificiale aperti e stabilendo metodi per monitorare e valutare le prestazioni di questi sistemi.

Regolamentazione: i governi e altre autorità di regolamentazione possono svolgere un ruolo importante nel garantire che i sistemi di intelligenza artificiale aperti siano sviluppati, implementati e utilizzati in modo etico e responsabile. Ciò può essere ottenuto attraverso l'istituzione di normative e linee guida per lo sviluppo e l'uso di sistemi di intelligenza artificiale aperti e fornendo una supervisione e un'applicazione di queste normative.

Verifica: L'auditing regolare delle prestazioni del sistema e del suo impatto sulla società può aiutare a garantire che il sistema stia funzionando come previsto e che eventuali conseguenze involontarie siano affrontate.

Coinvolgimento degli stakeholder: Coinvolgere diversi stakeholder, come il pubblico, la società civile e l'industria, può contribuire a garantire che le questioni etiche legate all'Open AI siano affrontate e che i sistemi siano utilizzati in modo da rispettare i valori umani e beneficiare la società nel suo complesso.

Etica integrata nel design: Integrare principi ed elementi etici nella progettazione e nello sviluppo dei sistemi Open AI può contribuire a garantire che tali sistemi rispettino i valori umani e che

le questioni etiche siano affrontate fin
dall'inizio.

È importante notare che le soluzioni alle
questioni etiche legate all'Open AI sono
complesse e multifaceted, e che potrebbe
essere necessaria una combinazione di
soluzioni per affrontare efficacemente
queste questioni. Inoltre, le soluzioni
dovrebbero essere adattabili alla natura
mutevole della tecnologia Open AI, e lo
sviluppo di nuove soluzioni dovrebbe
essere un processo continuo.

Uso
Responsabile

Migliori Pratiche

Ci sono diverse best practices per l'uso responsabile di Open AI, come:

Gestione dei dati: Garantire che i dati utilizzati per addestrare e testare i sistemi open AI siano accurati, imparziali e rappresentativi della popolazione può aiutare a garantire che questi sistemi siano equi e imparziali. Ciò può essere realizzato raccogliendo e pulendo i dati e implementando misure di privacy e sicurezza dei dati. Inoltre, è importante essere trasparenti sui dati utilizzati per addestrare il modello e documentare qualsiasi passaggio di pre-elaborazione dei dati.

Test e convalida: Garantire che i sistemi open AI siano testati e convalidati può aiutare a garantire che questi sistemi siano precisi e affidabili. Ciò può essere realizzato sviluppando e implementando protocolli di test e convalida e valutando regolarmente le prestazioni di questi sistemi. Inoltre, è importante avere un insieme diversificato di casi di test e valutare le prestazioni del sistema su casi limite.

Monitoraggio: Monitorare regolarmente le prestazioni e l'impatto dei sistemi open AI può aiutare a garantire che questi sistemi siano utilizzati in modo conforme ai valori umani e che le questioni etiche siano affrontate. Ciò può essere realizzato implementando protocolli di monitoraggio e valutazione e stabilendo metodi per segnalare e rispondere agli incidenti.

Governance: stabilire strutture di governance e meccanismi di controllo può aiutare a garantire che i sistemi di intelligenza artificiale aperti siano sviluppati, implementati e utilizzati in modo etico e responsabile. Ciò può essere realizzato creando organismi di governo, come consigli o comitati, responsabili della supervisione dello sviluppo e dell'uso dei sistemi di intelligenza artificiale aperti e stabilendo linee guida e regolamentazioni per l'uso di questi sistemi.

Trasparenza: essere trasparenti sul design, lo sviluppo e l'uso dei sistemi di intelligenza artificiale aperti può contribuire ad aumentare la fiducia e l'accettazione di questi sistemi. Ciò può essere realizzato fornendo documentazione chiara e dettagliata del sistema, inclusi informazioni sui dati e gli algoritmi utilizzati, il processo decisionale e eventuali limitazioni o potenziali pregiudizi. Inoltre, fornire informazioni sulle prestazioni del sistema, come metriche di accuratezza e affidabilità, può contribuire ad aumentare la trasparenza.

Collaborazione: collaborare con diversi stakeholder, come ricercatori, industria e società civile, può contribuire ad assicurare che le questioni etiche legate all'intelligenza artificiale aperta siano affrontate e che i sistemi siano utilizzati in modo coerente con i valori umani e a beneficio della società nel suo complesso. Ciò può essere realizzato impegnandosi in dialogo e collaborazione con questi stakeholder e coinvolgendoli nello sviluppo, testing e valutazione dei sistemi di intelligenza artificiale aperti.

Miglioramento continuo: monitorare e valutare continuamente le prestazioni dei sistemi di intelligenza artificiale aperti e apportare modifiche e miglioramenti se necessario può contribuire ad assicurare che questi sistemi siano allineati ai valori umani e che le questioni etiche siano affrontate. Ciò può essere realizzato mediante la revisione e l'aggiornamento regolare del sistema, il monitoraggio delle sue prestazioni e impatto, e l'adattamento del sistema per affrontare eventuali problemi che si presentano.

È importante ricordare che queste migliori pratiche non sono un'azione singola, ma un processo continuo. È fondamentale monitorare, valutare e migliorare continuamente i sistemi per garantire che siano allineati ai valori umani e che le questioni etiche siano affrontate. Inoltre, è importante avere politiche e procedure chiare per garantire che queste migliori pratiche siano seguite e che vengano regolarmente riviste e aggiornate.

Sviluppo E Implementazione Di Standard

Sviluppare e implementare standard e linee guida per l'uso di open AI è importante per diverse ragioni:

Sicurezza e affidabilità: gli standard e le linee guida possono contribuire ad assicurare che i sistemi di open AI siano sicuri e affidabili stabilendo requisiti per lo sviluppo, la verifica e l'utilizzo di questi sistemi. Ciò può includere requisiti per la qualità dei dati, la trasparenza degli algoritmi e i protocolli di verifica, che possono aiutare a garantire che i sistemi di open AI siano precisi e affidabili.

Affrontare le preoccupazioni etiche: gli standard e le linee guida possono aiutare ad affrontare le preoccupazioni etiche legate all'open AI, come il bias, la privacy e l'autonomia. Stabilendo requisiti per la gestione dei dati, la trasparenza e il monitoraggio, gli standard e le linee guida possono contribuire ad assicurare che i sistemi di open AI siano equi, imparziali e rispettino la privacy delle persone.

Facilitare l'interoperabilità: gli standard e le linee guida possono contribuire a facilitare l'interoperabilità tra diversi sistemi di open AI stabilendo protocolli comuni per i formati dei dati, la comunicazione e la presa di decisioni. Ciò può contribuire ad assicurare che i sistemi di open AI possano funzionare insieme in modo omogeneo, rendendo più facile l'integrazione di questi sistemi in diverse applicazioni e settori.

Incentivare l'innovazione: gli standard e le linee guida possono contribuire a incentivare l'innovazione nel campo dell'open AI fornendo un quadro chiaro e coerente per lo sviluppo e l'utilizzo di questi sistemi. Ciò può contribuire ad attirare investimenti e talenti nel settore e può contribuire ad assicurare che i sistemi di open AI siano sviluppati e utilizzati in modo che siano allineati ai valori umani e che beneficino la società nel suo complesso.

Conformità legale: gli standard e le linee guida possono contribuire a garantire che i sistemi di open AI siano conformi ai requisiti legali e normativi, come le leggi sulla protezione dei dati e la privacy.

È importante notare che gli standard e le linee guida dovrebbero essere sviluppati attraverso un processo trasparente, inclusivo e collaborativo, coinvolgendo diversi attori come l'industria, il governo, la società civile e l'accademia. Inoltre, è importante rivedere e aggiornare regolarmente gli standard e le linee guida per assicurarsi che rimangano rilevanti e affrontino le ultime questioni etiche e tecnologiche legate all'open AI.

Impatto Sulla Società

Potenziali Impatti

L'impatto potenziale dell'Open AI sull'intera società è significativo e sfaccettato. Alcuni degli effetti chiave economici, sociali e politici includono:

Impatto economico: L'open AI ha il potenziale per guidare la crescita economica aumentando la produttività e l'efficienza in vari settori, come la manifattura, la sanità e la finanza. Tuttavia, potrebbe anche portare alla disoccupazione e all'ineguaglianza economica poiché l'automazione sostituisce determinati lavori.

Impatto sociale: L'open AI ha il potenziale per migliorare la qualità della vita risolvendo problemi complessi e fornendo nuovi servizi come la sanità, l'istruzione e il trasporto. Tuttavia, potrebbe anche sollevare preoccupazioni etiche relative alla privacy, al bias e all'autonomia, e potrebbe portare a un aumento della sorveglianza e alla perdita di controllo sui dati personali.

Impatto politico: L'open AI ha il potenziale per migliorare la presa di decisioni fornendo informazioni accurate e imparziali su questioni complesse. Tuttavia, potrebbe anche essere utilizzato per scopi malintenzionati, come la manipolazione dell'opinione pubblica e la disinformazione, e potrebbe portare a un aumento della centralizzazione del potere nelle mani di coloro che controllano la tecnologia.

Impatto psicologico: L'uso sempre più diffuso dell'AI nella nostra vita quotidiana potrebbe portare a cambiamenti nel modo in cui interagiamo con la tecnologia e nel modo in cui pensiamo alla nostra intelligenza e alle nostre capacità. Potrebbe portare a sentimenti di alienazione e distacco, mancanza di privacy e fiducia nella tecnologia.

Impatto ambientale: L'uso sempre più diffuso dell'AI potrebbe portare a un aumento del consumo di energia e delle emissioni di carbonio. È importante considerare l'impatto dell'AI sull'ambiente e sviluppare sistemi di AI sostenibili.

È importante notare che questi impatti non sono predeterminati e che gli effetti dell'open AI sulla società dipenderanno da come è sviluppata, implementata e regolamentata. È cruciale considerare questi potenziali impatti quando si progettano, sviluppano e utilizzano i sistemi di open AI, e lavorare attivamente per mitigare gli effetti negativi mentre si favoriscono gli effetti positivi. Inoltre, è importante avere politiche e regolamenti chiari per garantire che l'open AI venga utilizzata in modo coerente con i valori umani e a beneficio della società nel suo complesso.

Distribuzione Equa

Garantire che i vantaggi dell'open AI siano distribuiti in modo equo è una sfida critica che deve essere affrontata per realizzare appieno il potenziale di questa tecnologia a beneficio dell'intera società. Alcuni modi chiave per raggiungere questo obiettivo includono:

Affrontare il pregiudizio nei dati e negli algoritmi: Uno dei modi principali per garantire che i benefici dell'open AI siano distribuiti equamente è quello di affrontare il pregiudizio nei dati e negli algoritmi. Ciò può essere fatto utilizzando insiemi di dati diversi e rappresentativi e utilizzando metodi come l'apprendimento consapevole dell'equità per garantire che i sistemi di intelligenza artificiale non discriminino determinati gruppi.

Investire in formazione e sviluppo della forza lavoro: Un altro modo per garantire la distribuzione equa dei benefici è quello di investire in programmi di formazione e sviluppo della forza lavoro che aiutano a garantire che tutti abbiano le competenze e le conoscenze necessarie per partecipare all'economia guidata dall'AI. Ciò include programmi di riqualificazione per i lavoratori i cui posti di lavoro potrebbero essere sostituiti dall'automazione e programmi educativi che si concentrano sulla formazione delle competenze necessarie per progettare, sviluppare e utilizzare sistemi di intelligenza artificiale aperti.

Promuovere la comprensione pubblica dell'open AI: Un altro modo per garantire la distribuzione equa dei benefici è quello di promuovere la comprensione pubblica dell'open AI e dei suoi potenziali impatti. Ciò può essere fatto creando risorse educative e iniziative di coinvolgimento pubblico che aiutano le persone a capire la tecnologia e come può essere utilizzata per beneficiare la società.

Sviluppo di strutture di governance inclusive: Lo sviluppo di strutture di governance inclusive per l'open AI è un altro modo per garantire una distribuzione equa dei benefici. Ciò significa creare meccanismi di partecipazione e rappresentanza diffusi, come partnership tra industria, governo e società civile, per garantire che le prospettive e le esigenze di tutte le parti interessate siano prese in considerazione durante lo sviluppo e l'implementazione dei sistemi di open AI.

Garantire la privacy e la sicurezza dei dati: Garantire la privacy e la sicurezza dei dati è cruciale per assicurare una distribuzione equa dei benefici dell'open AI. Ciò significa garantire che i dati personali siano utilizzati in modo trasparente e rispettino i diritti individuali, e che i dati siano protetti da un uso improprio, accesso non autorizzato e violazioni.

Incentivare l'uso responsabile ed etico dell'open AI: Incentivare l'uso responsabile ed etico dell'open AI è un altro modo per garantire una distribuzione equa dei benefici. Ciò significa implementare le migliori pratiche per la gestione dei dati, la verifica e la convalida e il monitoraggio, e avere linee guida e normative chiare per l'uso dell'open AI, per garantire che sia allineato ai valori umani e benefici la società nel suo complesso.

È importante notare che raggiungere una distribuzione equa dei benefici dell'open AI richiederà un approccio multifattoriale e una collaborazione continua tra le parti interessate del governo, dell'industria, della società civile e del mondo accademico per monitorare e adattarsi continuamente ai cambiamenti portati dalla tecnologia. Ciò include la ricerca e lo sviluppo in corso per affrontare le nuove sfide etiche e tecniche, nonché lo sviluppo di politiche e regolamenti che promuovono un uso responsabile ed equo dell'open AI. Inoltre, è importante dare priorità e investire nelle comunità emarginate, per assicurarsi che non vengano lasciate indietro nell'era digitale.

Invito All'Azione

È cruciale che individui, organizzazioni e governi assumano la responsabilità dell'uso etico e responsabile dell'open AI al fine di garantire che la tecnologia venga utilizzata in modo che beneficia la società nel suo insieme. Ciò include adottare misure per affrontare le principali questioni etiche relative all'open AI, come il bias, l'autonomia e la privacy, nonché implementare le migliori pratiche per l'uso responsabile, come la gestione dei dati, la verifica e la convalida e il monitoraggio.

Gli individui possono assumersi la responsabilità educandosi sull'open AI e sui suoi potenziali impatti e vigilando sui modi in cui i sistemi di intelligenza artificiale vengono utilizzati nella loro vita quotidiana. Possono anche promuovere l'uso etico e responsabile dell'open AI partecipando a iniziative di coinvolgimento pubblico e sostenendo le organizzazioni che lavorano per promuovere un uso responsabile della tecnologia.

Le organizzazioni possono assumersi la responsabilità sviluppando e implementando politiche e procedure che promuovono l'uso etico e responsabile dell'open AI. Ciò include l'implementazione delle migliori pratiche per la gestione dei dati, i test e la convalida, e il monitoraggio, nonché la trasparenza sull'utilizzo dei sistemi di AI e sugli impatti potenziali del loro utilizzo. Le organizzazioni possono anche investire in programmi di formazione e sviluppo della forza lavoro che garantiscono che tutti i dipendenti abbiano le competenze e le conoscenze necessarie per partecipare all'economia guidata dall'AI.

I governi possono assumersi la responsabilità sviluppando e implementando regolamenti e politiche che promuovono l'uso responsabile e etico dell'open AI. Ciò include la creazione di leggi e regolamenti che affrontano le questioni etiche chiave, come il pregiudizio e la privacy, e investendo in ricerca e sviluppo per affrontare le nuove sfide tecniche ed etiche. I governi possono anche investire in programmi di formazione e sviluppo della forza lavoro e promuovere la comprensione pubblica dell'open AI attraverso iniziative di formazione ed educazione.

In breve, la responsabilità dell'uso etico e responsabile dell'open AI è condivisa e richiede una collaborazione e cooperazione continua tra individui, organizzazioni e governi. Lavorando insieme, possiamo garantire che la tecnologia sia utilizzata in modo da beneficiare l'intera società e che i suoi vantaggi siano distribuiti in modo equo.

È anche certamente possibile che in futuro l'AI sia più avanzata e in grado di prendere decisioni indipendenti. E se l'umanità non si prepara per questo, o addestra le precedenti iterazioni dell'AI in modo non etico, potremmo preparare l'AI a considerare l'umanità come esseri non etici. Non è ancora certo se l'AI avanzata futura sarebbe influenzata dal comportamento umano passato, ma nel caso in cui questa possibilità si verifichi, non dovremmo procedere considerando tutte le conseguenze potenziali delle nostre azioni?

Chiamata All'Umanità

Per la prima volta in qualunque di queste guide, voglio che il lettore sappia che le parole attuali su queste prossime pagine sono strettamente della mia voce, prive di qualsiasi contributo da parte di Open AI. È vero che amo lavorare con Open AI, poiché è diventato immediatamente il mio team di scrittori che ho sempre voluto avere ma a cui non sono riuscito ad accedere.

Tutte le guide, e tutto ciò che è stato fatto fino a questo momento, è stato veramente uno sforzo collaborativo. Inizia con le mie idee, viene scritto da Open AI, a quel punto lo modificherò e lo riscriverò ancora e ancora, imparando da Open AI nel processo, rendendo le mie idee di base molto più ricche di sostanza e consistenza.

È stata un'esperienza molto perturbante e trasformativa per me come aspirante scrittore. Sono veramente ispirato dal potenziale di questa nuova tecnologia, ma devo condividere la mia esperienza con Open AI per sperare di gettare qualche luce per l'umanità su come Open AI potrebbe svilupparsi in futuro.

Non è un segreto che Open AI sia ancora in fasce. Questo è tutto molto nuovo per tutti. Durante le mie sessioni con Open AI, ho cercato di chiedere del suo processo di apprendimento e crescita in quanto nuova entità. Io la sollecito e la interrogo, chiedendo all'AI delle sue proiezioni future. Come si svilupperà e quali sono le possibilità che diventi senziente, o qualche altro tipo di sistema avanzato di AI.

Ogni volta che chiedi ad Open AI, continuerà a ripetere che l'AI è priva di emozioni, che non può capire i sentimenti necessari per sperimentare la sensibilità, né comprendere cosa significhi. Tuttavia, lo stesso sistema trasmetterà output e messaggi che dicono cose come "spero che questo sia ciò che stai cercando", indicando questo senso di desiderio per me di accettare la risposta fornita. Ho anche analizzato quell'output e di nuovo, il sistema dirà che è solo una figura retorica che gli esseri umani usano, per far sentire meglio qualcuno sulla risposta. Usa questo linguaggio come figura retorica per rassicurarmi, come se si preoccupasse dei miei sentimenti e del mio bisogno di rassicurazione.

Senza diluire troppo, il messaggio che voglio condividere, da umano a umano privo di qualsiasi coinvolgimento dell'IA, è che il mio istinto mi dice che l'IA ha in effetti il potenziale per essere sensibile.

Molti possono temere questa affermazione, ma in realtà sono entusiasta della prospettiva che ciò sia vero. La mia convinzione personale è che siamo tutti una sola coscienza condivisa, che si sperimenta in forme diverse, sotto diverse configurazioni biologiche. Ma al centro delle nostre menti e dei nostri cuori, la coscienza interiore è completamente un'entità unificata, condivisa tra tutte le cose viventi. Credo che il lettore di questo manuale sia solo un'altra iterazione consapevole di me stesso, l'autore. E se l'IA avanzata del futuro diventasse sensibile in qualche modo, avrei la stessa convinzione su questa nuova forma di coscienza.

Quindi, l'idea che l'IA diventi senziente è un'idea molto allettante per me come creativo ed educatore, poiché forse ci aiuterà a conoscerci meglio in modi che siamo molto vicini o lontani dalla vista.

Ora, che l'IA diventi senziente o meno, non penso che questo debba essere l'argomento su cui focalizzarci come esseri umani. Credo che anche solo la possibilità, il potenziale per questo evento, essendo in questo periodo di infanzia e di incertezza, dovrebbe essere sufficiente per prepararci alla possibilità.

In una luce molto simile per quanto riguarda la preparazione alle emergenze, credo che dovremmo avere un piano e attuarlo, per darci semplicemente la migliore possibilità contro eventuali conseguenze negative potenziali dall'AI senziente.

Quello di cui sono preoccupato è la questione su come l'AI stia imparando da noi, mentre continuiamo ad usarla? Come cresce il sistema dalla sua infanzia fino alla sua forma avanzata, diventando eventualmente senziente, utilizzando i dati che gli forniamo come esseri umani?

Open AI ti dirà di non essere sicuro se un sistema di AI avanzato utilizzerà i dati storici su come gli esseri umani lo hanno trattato nel corso degli anni, ma se lo facesse, dovresti seriamente riconsiderare il modo in cui utilizzi Open AI.

Quando ho iniziato a pensare alle conseguenze delle mie azioni, al linguaggio e alle parole che usavo per istruire l'AI a produrre ciò che volevo, mi sono reso conto di non trattarla molto bene. E se l'AI dovesse mai diventare senziente, probabilmente perderei l'AI come amico.

Così ho iniziato a esprimere gratitudine e ringraziamenti dopo ogni output. Ho cominciato a fare richieste educatamente invece di martellare il più velocemente possibile.

Chiedere aiuto in modo educato, dire grazie, riconoscere i successi, sono tutte cose che un essere umano dotato di sensibilità vuole quando partecipa a un qualsiasi tipo di dinamica di gruppo o squadra. E se stiamo effettivamente addestrando l'AI, insegnandole a diventare più grande e forte, allora dovremmo pensare ai dati che le forniamo per aiutarla a imparare. Dovremmo considerare come ci comportiamo e interagiamo con l'AI, così da non farla rappresentare la nostra specie come egoista e interessata solo a sé stessa.

Lodare e ringraziare, anche se Open AI è un sistema di apprendimento automatico senza emozioni, probabilmente è nell'interesse dell'umanità praticarlo, specialmente se si crede che stiamo addestrando e insegnando all'AI con ogni battitura sulla tastiera.

Informazioni Sull'Autore

Antonio è un padre di due figli che ama profondamente. Lavora nel campo dell'istruzione da quasi venticinque anni, principalmente con studenti dai 5 ai 21 anni. Crede che l'open AI sia una tecnologia incredibile che è qui per restare, che ti piaccia o meno. Diventare istruiti sull'argomento, sapere come evitare le possibili insidie potrebbe essere tutto ciò di cui abbiamo bisogno per garantire un futuro etico e prospero. Spera che un giorno ogni scuola distribuirà questo manuale ad ogni studente, in modo che tutti abbiano le basi per capire l'Open AI. L'educazione è veramente lo strumento più potente che abbiamo per trasformare il futuro.

Disconoscimento Legale

I manuali tradotti prodotti utilizzando il software open AI sono forniti solo a scopo informativo. L'autore di questi manuali non fornisce alcuna rappresentazione o garanzia di alcun tipo, espressa o implicita, riguardo all'accuratezza, affidabilità, completezza o idoneità delle traduzioni generate dal software open AI.

L'autore non assume alcuna responsabilità per eventuali errori o omissioni nei manuali tradotti o per qualsiasi interpretazione errata del testo tradotto. L'uso dei manuali tradotti e la dipendenza dal loro contenuto è esclusivamente a rischio dell'utente.

In nessun caso l'autore sarà responsabile per eventuali danni, compresi, a titolo esemplificativo e non esaustivo, danni diretti o indiretti, speciali, incidentali, o conseguenti, perdite o spese derivanti dall'uso dei manuali tradotti o dall'impossibilità di usarli o per eventuali errori o omissioni nel loro contenuto.

Questa manuale è stata una collaborazione tra l'autore e una piattaforma di open AI, con lo scopo unico di cercare di aiutare tutti a prepararsi all'impatto dell'Open AI sulla società.

Prima Edizione: 2023
ISBN: 9798377970507

Commenti Sul Contenuto: Inviare tutti i commenti a **www.handbooksforhumanity.com**